MÉMOIRE

SUR UNE

VARIÉTÉ DE TUMEUR SANGUINE

OU

GRENOUILLETTE SANGUINE.

Paris. — Imprimerie de L. MARTINET, rue Mignon, 2.

MÉMOIRE

SUR UNE

VARIÉTÉ DE TUMEUR SANGUINE

OU

GRENOUILLETTE SANGUINE

PAR

M. le Docteur DOLBEAU,

Prosecteur à la Faculté de médecine de Paris,
ancien laureat interne des hôpitaux, membre de la Société anatomique, etc.

PARIS

LIBRAIRIE ADRIEN DELAHAYE,

PLACE DE L'ÉCOLE-DE-MÉDECINE, 23.

1857.

MÉMOIRE

SUR UNE

VARIÉTÉ DE TUMEUR SANGUINE

OU

GRENOUILLETTE SANGUINE

La grenouillette est une affection qui n'est pas très rare et qui est connue depuis bien longtemps. Les auteurs ont beaucoup discuté relativement à la nature de cette tumeur. Ambroise Paré considérait la grenouillette comme une variété d'abcès froid. Fabrice d'Aquapendente ne voyait dans la ranule qu'un kyste dermoïde, tandis que Actuarius regardait ce kyste comme une variété de varice. Dupuytren, dans un temps plus rapproché, déclare qu'il n'y a pas de preuve anatomique du siége de la grenouillette; mais il la regarde comme une tumeur formée par un des conduits salivaires du plancher de la bouche, le conduit de Wharton surtout. Il donne une observation de kyste muqueux de la langue, qu'il distingue de la vraie grenouillette. Enfin il parle et donne l'observation d'un lipôme, pris pour une grenouillette, et qu'il a extirpé. On le voit, le célèbre chirurgien veut établir qu'on peut confondre la grenouillette avec d'autres maladies. Depuis on a oublié ce côté de la question, et la discussion de la Société de chirurgie n'a porté que sur le siége précis de la grenouillette. Dans les traités classiques on parle à peine de difficulté pour reconnaître cette maladie; malgré l'habitude méthodique, on ne trouve pas pour la grenouillette le chapitre diagnostic. Nous n'aimons pas beaucoup le diagnostic des maladies fait par exclusion. Il serait à désirer que pour chaque maladie il y eût un ou plusieurs symptômes qui lui fût spécial. Là doit tendre la chirurgie moderne. L'étude des symptômes doit être faite avec soin; alors on trouvera même des différences dans une même manifestation que l'on croit commune à plusieurs maladies différentes par leur nature. Une femme qui a un cancer de l'utérus perd du sang; il en est de même de celle qui a un polype fibreux, de celle qui a des fongosités utérines, etc. L'observation attentive de ce symptôme conduira à établir des différences tranchées dans le mode de production de l'hémorrhagie, dans la quantité, la qualité du liquide, etc., si bien, qu'une femme qui aura une perte, dans telles et telles conditions, aura telle maladie et pas telle autre.

J'en reviens à la grenouillette ; les signes sont assez bien tranchés, mais c'est surtout le siége qui fait prononcer le diagnostic. Il faut cependant y regarder, car dans ce même lieu il existe d'autres tumeurs. Le but de ce travail sera rempli si nous arrivons à démontrer qu'il y a sur le plancher de la bouche, à côté du frein et sous la langue, des tumeurs sanguines qui peuvent induire en erreur et conduire à une mauvaise pratique.

Observation I. — *Tumeurs sanguines de la tête et du cou, tumeur du plancher de la bouche prise pour une grenouillette. Ponction, phlébite, mort.*

Hôpital des cliniques, n° I. Service de M. Nélaton. — Le 20 novembre 1853, M. Nélaton reçut dans son service une femme âgée de 34 ans, qui lui était adressée pour un anévrysme du cou. Voici les résultats fournis par l'examen de la malade. Les symptômes se rapportent à plusieurs maladies distinctes. La langue est déformée, plus grosse ; elle présente des bosselures violet foncé. L'organe a sa consistance normale dans certains points, dans d'autres il y a augmentation. Vers la base, là ou se trouvent les papilles, on rencontre des mamelons en forme de champignons violacés, séparés par des sillons très profonds.

Les parties adjacentes sont aussi malades : la lèvre inférieure présente à son bord libre une tache violette, à sa face interne des tumeurs violettes irrégulières. Il y a en outre, à la face interne de la joue gauche, des lésions analogues — ce sont là les divers états d'une altération variqueuse très étendue; dans les joues on trouve des noyaux durs assez douloureux, quelques-uns de ces noyaux sont réductibles par la pression.

De plus et du côté gauche, entre le frein de la langue et la mâchoire, il y a sur le plancher de la bouche un relief transversal, mou, fluctuant, bleuâtre, mais moins que les autres bosselures. Cette bosselure, dit M. Nélaton, est transparente, elle pourrait tromper; il y a là une grenouillette coexistant avec d'autres lésions.

Sous le menton on trouve un relief en relation avec la tumeur de la bouche. — Il est bon de noter que l'orifice des deux conduits de Wharton est parfaitement libre.

Viennent ensuite un autre ordre de symptômes. Dans la région carotidienne, près de la bifurcation de l'artère, il y a une tumeur bien circonscrite. Elle répond en haut à la partie inférieure de la grenouillette, en avant au cartilage thyroïde, en arrière au bord antérieur du sterno-mastoïdien. Cette tumeur est souple, réductible; elle est le siége de battements en rapport avec le pouls, on y perçoit un frémissement très-évident, quand on comprime faiblement.

L'auscultation fournit un signe précieux : souffle continu avec renforcement.

Troubles fonctionnels : gêne de la parole, de la déglutition, respiration assez facile; rien au cœur ni dans la sous-clavière; rien du côté des fonctions cérébrales ni des organes des sens. La malade entend continuellement le bruit de frémissement. Ces symptômes établis, quelles en sont les conséquences? à quelles maladies avons-nous affaire? Il y a, dit M. Nélaton :

1° Une grenouillette avec tous ses signes, mais c'est une simple coïncidence ;

2° Tumeurs érectiles veineuses sous-muqueuses de la langue dans les papilles, les lèvres, les joues; toutes sont congénitales ;

3° Une affection vasculaire du cou difficile à préciser, mais dans laquelle le sang artériel communique avec le sang veineux.

Quant au traitement, ajoute M. Nélaton, il ne faut rien faire aux tumeurs érectiles. Il faut aussi respecter la tumeur du cou, vu la difficulté d'aller trouver le point de l'artère qui fournit le sang; mais il y a avantage à débarrasser la malade de sa grenouillette; la déglutition sera plus facile, et la respiration moins laborieuse.

Plusieurs jours après sa leçon, M. Nélaton fit dans la tumeur une ponction avec un trocart à hydrocèle. Il sortit aussitôt du sang bien rouge mais sans impulsion. Ce résultat inattendu fit remettre l'injection iodée, l'hémorrhagie fut difficilement arrêtée. Les jours suivants il y a eu du gonflement, de la douleur, gêne de la respiration, puis des accidents généraux tels que délire, symptômes cholériformes, altération de la face, etc.; le huitième jour la malade succombe.

L'autopsie a démontré les particularites suivantes : disons tout d'abord qu'une injection poussée par l'artère carotide, est de suite revenue par la jugulaire. Nous dirons plus loin où elle avait pénétré.

Les parties superficielles enlevées, j'allai de suite à la recherche des branches de la carotide; la dissection me fit tout de suite rencontrer une tumeur qui correspondait à la masse considérée comme un anévrysme. Cette tumeur envoyait un prolongement au-devant du masséter. Elle était remplie par l'injection; sa forme était irrégulière, bosselée, et, par en bas, elle se joignait à la veine jugulaire externe au moyen d'une grosse veine oblique. En écartant les lobes de cette tumeur, on voyait l'artère faciale s'y ramifier, devenir de plus en plus fine, puis se terminer. Mais impossible de voir le lieu de la communication entre l'artère et les pelotons veineux. Cependant le souffle continu observé pendant la vie, le passage facile et sans pression de l'injection, montrent que la communication existait réellement. Je dois ajouter que l'injection des artères de la tête était à peu près nulle; tout était dans les veines jugulaires.

Passant de là à la tumeur sous-maxillaire, je constatai d'abord que la glande sous-maxillaire était intacte, et que la tumeur était formée aux dépens du ventre antérieur du digastrique, toujours du côté gauche. Ce muscle, très développé, semblait n'être plus qu'un amas de veines et de fibres musculaires.

Quelques parcelles d'injection pouvaient être senties par le toucher. Quant à la prétendue grenouillette, elle existait encore; le trou de la ponction était largement ouvert; la tumeur était affaissée mais ne renfermait pas d'injection. J'introduisis un tube à insufflation, et je soufflai doucement. Immédiatement je vis la tumeur se tendre, puis la base de la langue augmenta de volume; enfin je vis l'air remplir la tumeur du digastrique, puis la tumeur latérale, et enfin sortir par la jugulaire externe, en se frayant un passage entre la paroi veineuse et la matière à injection. Ceci nous parut singulier, mais il fallait bien admettre un rapport évident entre les tumeurs et le système veineux. La grosse tumeur, celle du digastrique, furent examinées; elles étaient formées d'innombrables vacuoles séparées par des cloisons plus ou moins complètes. Quant à la tumeur du plancher de la bouche, elle se composait d'une grande cavité bien distincte, occupant le plancher de la bouche, l'épaisseur de la base de la langue. Vers le fond de cette cavité, on observait plusieurs orifices communiquant avec de très petites cavités. Toutes ces cavités, à parois minces et séreuses, renfermaient encore du sang dans différents états. Dans certains points, il y avait autour des paquets veineux, des indurations qui doivent être rapportées à une ancienne phlegmasie qui s'était anciennement emparé de la tumeur. La malade avait du reste indiqué ces accidents.

Nous avons trouvé une congestion des deux poumons, un noyau apoplectique dans le tissu du foie, puis trois petits abcès dans le tissu sous-arachnoïdien. Il est demeuré évident, pour nous, que cette pauvre femme avait succombé à une infection purulente. La petite opération a-t-elle été la cause de cette phlébite? Je suis porté à le croire, quoique je n'aie pu constater la présence du pus dans aucune des veines du cou, au voisinage de la tumeur.

Cette observation, si intéressante sous plus d'un rapport, nous montre, entre autres choses, une tumeur sanguine du volume d'un œuf de pigeon, prise, pendant la vie, pour une grenouillette.

Ceux qui connaissent toute l'admiration que nous professons pour notre affectionné maître, M. Nélaton, ne se méprendront pas sur nos intentions : si nous mentionnons ici une erreur, c'est tout simplement pour montrer que d'autres pourraient s'y tromper et que nous avons raison de les prévenir. J'ajoute une proposition que formule souvent le chirurgien de la Clinique : « Il n'y a que ceux qui ne font pas de diagnostic qui ne font pas d'erreurs.» Celui qui veut être bon chirurgien ne doit jamais quitter le lit d'un malade sans avoir formulé le diagnostic de l'affection qu'il vient d'examiner.

Le cas étant singulier, nous avons montré les pièces à beaucoup de personnes.

M. Denonvilliers a bien voulu examiner notre préparation, de plus j'ai communiqué la pièce et l'observation devant la Société anatomique. Elle a donné lieu à quelques discussions; à ce propos M. Bauchet a donné quelques détails sur un cas qu'il croit devoir être rapproché de celui observé par M. Nélaton. J'emprunte aux *Bulletins de la Société anatomique pour* 1854, la courte observation de M. Bauchet.

OBSERVATION II. — M. Bauchet a observé, il y a quelques mois, à Bergues près Dunkerque avec le docteur Bollaert, une tumeur placée aussi sous la langue et qui offrait tous les caractères de la grenouillette. Ces caractères étaient si évidents qu'il n'hésita pas à porter son diagnostic. Cependant M. Bollaert avait fait une première ponction dans la tumeur, elle avait donné lieu à un écoulement sanguin très abondant, et il n'était pas sorti de ce liquide visqueux, gluant, caractéristique. De plus la tumeur semblait augmenter à chaque effort, à chaque cri de la petite fille (7 ou 8 ans), et me paraissait diminuer sous une pression continue et prolongée. Ces caractères étaient douteux, et après un examen plus attentif, en présence de la forme, de la position, du reflet de la tumeur, on s'arrêta au diagnostic : grenouillette.

On passa un ténaculum dans la tumeur, puis à l'aide de ciseaux courbes, on incisa toute la portion de tissu que le ténaculum avait soulevé. Il n'en sortit que du sang. Comme le ténaculum n'avait traversé aucune cavité, que l'on avait toujours senti la pointe engagée dans une masse assez concrète, on crut d'abord qu'on n'avait pas atteint le kyste. On porta dans le fond de la plaie un bistouri étroit ; il n'en sortit encore que du sang.

On s'en tint là ; l'écoulement sanguin fut assez abondant : boulettes de charpie, alun, colophane ne purent l'arrêter ; mais on fut plus heureux avec une solution d'eau de Rabel. Quelques jours après la petite malade ne ressentait plus rien.

Le petit lambeau incisé fut examiné ; on vit sur la face profonde de là muqueuse des ouvertures vasculaires en plus grand nombre qu'à l'état normal, et cette disposition rappelait bien la structure du tissu érectile. La malade fut examinée de nouveau, et les mouvements d'expansion de la tumeur, au moindre effort, et d'affaissement sous les doigts, parurent encore plus manifestes. M. Bauchet et M. Bollaert pensent qu'il s'agit d'une tumeur érectile veineuse.

L'observation ne laisse aucun doute, c'est bien une tumeur érectile, mais sans cavité bien évidente. Ce fait montre de plus que l'excision n'a rien donné, si ce n'est une hémorrhagie abondante et difficile à arrêter.

Voilà donc deux observations bien positives de tumeurs veineuses occupant la place que prend ordinairement la grenouillette ; dans les deux cas l'erreur a été commise. Le résultat a été funeste dans la première observation ; dans la seconde le traitement a été sans effet et on a eu à redouter une hémorrhagie. J'avais eu alors (1853) l'intention de publier ces faits, mais j'étais assez embarrassé de m'expliquer sur la nature de la cavité qui avait été ponctionnée sur le malade de la première observation ; j'attendis donc. L'année suivante M. Robin communiqua le résultat de ses recherches sur les tumeurs vasculaires (*Mémoires de la Soc. de biolog.*, 1854). L'auteur de ce travail, après avoir étudié les différentes tumeurs qui ont pour caractères de devenir turgescentes par suite de modifications apportées dans la circulation, est arrivé à reconnaître une variété de ces tumeurs qui doit être mise à part. Ces tumeurs résultent de la rupture des veines et de l'épanchement du sang dans des cavités limitées par les tissus de la région, cavités purement accidentelles, créées mécaniquement et augmentant par l'effort du sang. Ces tumeurs, ainsi formées par extravasation du sang hors de ses vaisseaux, sont caractérisées par une communication accidentelle, de cause inconnue, d'un ou de plusieurs vaisseaux volumineux avec plusieurs cavités irrégulières que le sang se creuse entre les faisceaux du tissu où siége le mal. Ainsi, ces interstices ne sont point une dilatation des vaisseaux, ni des sinus accidentels tapissés par une tunique vasculaire; le sang qui y circule est hors de ses voies naturelles, il reste long-temps avant de se coaguler, car on sait que la fi-brine, en contact avec les tissus vivants, peut at-tendre quelque temps avant de se prendre en masse; toutefois, la cavité formée, il s'y dépose des caillots, des lamelles fibrineuses.

La tumeur que j'avais disséquée présentait tous les caractères assignés par M. Robin. Cet anato-miste si distingué a fait des recherches sur des tumeurs de l'ovaire, des os, des muscles. Mais no s observations, en confirmant les résultats indiqués, présentent une particularité très importante : c'est le siége de la tumeur. En effet, il existe des cavités sanguines, de véritables kystes sanguins, là où se rencontre la grenouillette; si donc ceci se présente quelquefois, il y a lieu d'en tenir compte et de ne pas diagnostiquer grenouillette toutes les tumeurs globuleuses situées sur les côtés du frein de la langue.

Voici une autre observation de grenouillette san-guine :

OBSERVATION III. — *Tumeur sanguine variqueuse située sous la base de la langue.*

Au numéro 7 de la salle Sainte-Marthe, à la Charité, service de M. Briquet, était entrée une jeune fille de dix-huit ans, petite, brune, assez robuste. Elle venait

2

pour un embarras gastrique ; mais, en examinant la langue, je fus frappé de l'irrégularité dans sa forme, elle était plus volumineuse, déviée à droite. Voici les renseignements que j'ai pu avoir : cette jeune fille est bien réglée et cela depuis l'âge de douze ans. Son père, bien portant, est affecté de varices volumineuses aux deux jambes. Sa mère n'a pas de varices ; mais un de ses frères porte, sur plusieurs points du corps, des nævi. Notre malade elle-même a deux nævi, l'un dans le dos, l'autre à la cuisse. Elle raconte que depuis sa naissance elle avait sous la langue une grosseur ; à l'âge de six ans, un médecin fit dans la tumeur une ponction qui donna issue à du sang.

A la suite de cette opération la langue devint volumineuse, sortait hors de la bouche ; la déglutition était difficile. La malade garda le lit pendant trois semaines. On lui fit une application de sangsues sous la mâchoire, puis des onctions résolutives, et enfin les cataplasmes.

État actuel. Lorsque la malade tire la langue, elle se dévie du côté droit. Le sillon médian de la face supérieure est très prononcé. La partie gauche du dos de la langue fait une saillie d'un demi-centimètre. La membrane muqueuse est saine, mais en arrière on observe un développement considérable de quelques papilles. Ces organes semblent plus vasculaires.

Vue par la face inférieure, la langue paraît normale; sa muqueuse est saine, mais vers la base, le frein de la langue manque excepté vers l'insertion à la mâchoire. On trouve très bien les deux orifices des canaux de Wharton, supportés par des papilles saillantes. A gauche et repoussant le frein, on trouve une tumeur grosse comme une petite noix. Cette tumeur est recouverte par la muqueuse saine et mobile. Elle est transparente, un peu violacée; à sa surface, on observe un petit point érectile de la grosseur d'une tête d'épingle. Suivant la malade, ce serait le siége de la ponction qui a été pratiquée anciennement.

La tumeur recouvre la veine ranine qui n'existe plus que dans sa terminaison à la pointe de la langue. Par en bas, la tumeur se confond avec le plancher de la bouche.

La région sous-maxillaire est bien conformée; elle est un peu douloureuse à gauche. La tumeur est molle, se laisse déprimer, diminue de volume par la compression. Elle augmente à l'époque des règles. Les mouvements de la langue sont libres, mais ils s'accompagnent d'un peu de douleur et font grossir la tumeur. La voix n'est pas modifiée; la déglutition est facile.

En résumé, nous avons là une tumeur bien isolée, occupant le siége des grenouillettes, en ayant la forme et la couleur, mais qui cependant n'est autre chose qu'une dilatation ampullaire de veine, ou une cavité accidentelle en communication avec le système veineux, ainsi que le prouvent les renseignements et les symptômes. Cette observation nous montre que l'erreur est possible, puisqu'un médecin a cru ponctionner une grenouillette; que la ponction de cette tumeur a été suivie d'accidents graves. Enfin, cette maladie est compatible avec la fonction des organes voisins; elle augmente à peine et gêne si peu la petite malade, que pour tout au monde, elle ne voudrait y laisser toucher.

Il semble qu'il soit dangereux de toucher à la variété de tumeur dont il est ici question. La malade de l'observation Ire est morte d'infection purulente à la suite d'une ponction ; déjà elle avait eu des accidents tenant à une phlegmasie spontanée survenue autour de la masse morbide. La malade de M. Bauchet (observation II) a eu une hémorrhagie difficile à arrêter, tout comme la précédente. L'observation III montre également que la ponction simple a été suivie d'hémorrhagie et d'accidents inflammatoires assez sérieux. L'observation suivante montre encore un exemple de grenouillette sanguine, ayant déterminé un phlegmon de la région.

Observation IV. — *Tumeur sanguine veineuse du plancher de la bouche, phlegmon.*

J'ai donné, il y a six mois, des soins à un petit garçon de neuf à dix ans. Il vint me consulter pour une inflemmation de la région sous-maxillaire. En effet, du côté gauche, il y avait un gonflement œdémateux avec très légère rougeur de la peau ; le tout très modérément douloureux. Il y avait des symptômes généraux assez graves : fièvre, céphalalgie, difficulté à respirer et à avaler. Au premier abord, je crus à un phlegmon ayant sa cause dans l'existence d'une affection dentaire ; aussi portai-je mon attention vers l'intérieur de la bouche. Aussitôt je constatai un gonflement de la langue et du plancher de la bouche à gauche seulement. Ayant soulevé l'organe, je trouvai une tumeur grosse comme une noix, séparée par le frein de la langue en deux parties, dont la plus volumineuse était à gauche. Cette tumeur était dure, de couleur violacée et environnée de tissus à aspect variqueux. J'appris de la mère que la grosseur datait de la naissance, qu'elle allait toujours croissant. La mère m'affirma que lorsque son enfant pleurait, toute la langue devenait violette.

Des onctions mercurielles, des cataplasmes, et le calomel à l'intérieur furent ordonnés. Après dix jours tous les accidents inflammatoires avaient cessé, et je trouvai à la tumeur tous les caractères d'une tumeur vasculaire, avec cette particularité qu'elle était irréductible quoiqu'elle augmentât par les efforts. Je n'ai rien osé entreprendre pour obtenir une cure radicale.

La grenouillette sanguine ou les tumeurs sanguines du plancher de la bouche, n'ont pas été décrites. Nul doute qu'elles n'aient été observées par bien des chirurgiens, mais nous n'avons trouvé aucun indice de cette affection, soit dans les Traités classiques, soit dans les principales collections. Disons donc ce que l'observation nous a montré.

Il est impossible d'assigner une cause à la grenouillette sanguine ; elle date de la naissance et par conséquent elle peut être rattachée à un vice dans l'organisation.

Ce caractère d'être une tumeur congénitale, est commun à la grenouillette des auteurs et à la maladie que nous décrivons. De plus, les chirurgiens reconnaissent comme cause de la grenouillette, le jeune âge. Dupuytren, Breschet, MM. Depaul, Dubois, etc., partagent cette manière de voir. Il en est de même pour les tumeurs sanguines qui existent à la naissance ou qui se développent bientôt après. L'anatomie pathologique nous a montré que la grenouillette sanguine n'est autre chose qu'une tumeur érectile veineuse (tumeur sanguine fongueuse de Boyer, de Roux). Seulement cette maladie, peut-être à cause de la région, prend là un caractère spécial; les veines sont détruites dans quelques points; le sang s'épanche dans le tissu cellulaire, et il se forme une cavité unique ou à plusieurs loges; ou bien encore les parois veineuses se détruisent dans des points contigus, et il se forme une cavité cloisonnée plus ou moins complétement. Enfin une veine se dilate latéralement et il se forme une tumeur qui peut s'isoler du reste. Il n'est pas rare d'observer de ces diverticules sur le trajet des veines hémorrhoïdales. Relativement à l'étiologie, on pourrait donc se demander la raison de ces oblitérations partielles, de ces destructions de la paroi veineuse. Il faut, je crois, admettre là une sorte d'ulcération qui fait communiquer les différentes veines entre elles ou bien avec une artère comme cela s'est passé dans l'observation I.

Les phlegmasies de la bouche ne sont pas rares chez les enfants, tant de causes les y prédisposent.

La grenouillette sanguine se présente sous la forme d'une tumeur dont le volume varie depuis celui d'une noisette jusqu'à celui d'un gros œuf. Elle se continue quelquefois avec une tuméfaction de la région sous-maxillaire, le plus souvent elle est limitée à la cavité buccale. Cette tumeur est globuleuse, située ordinairement d'un côté du frein, le plus souvent à gauche, quelquefois séparée par le frein en deux parties inégales; la tumeur est recouverte de la muqueuse qui a ses caractères normaux, mais qui présente, soit au niveau de la tumeur, soit dans le voisinage, des veines variqueuses ou des points érectiles. La coloration de la tumeur est d'un bleu plus ou moins foncé, quelquefois violacé. Dans quelques cas, la masse paraît comme transparente. La tumeur augmente par les cris, les mouvements de la langue, tous les efforts. Elle est molle à la manière des paquets variqueux, elle s'affaisse par la compression, quelquefois elle est presque réductible. La langue, nous l'avons dit, est ordinairement déviée du côté opposé. Le côté correspondant est quelquefois plus saillant, la tumeur occupant une partie de l'épaisseur de la langue (observation III). La grenouillette sanguine semble augmenter à l'époque des règles, elle gêne ordinairement peu les fonctions de déglutition et de respiration; cependant, quand elle offre un certain volume, elle détermine quelques troubles (obs. Ire). Il n'est pas rare de trouver sur le même sujet plusieurs nævi materni. Les parents de l'enfant portent des varices. La marche de la maladie paraît être très lente, mais elle doit varier suivant les sujets. Nos observations montrent que ces sortes de tumeurs sont très-faciles à s'enflammer spontanément et surtout à l'occasion de tentatives de traitement. La grenouillette sanguine, au lieu d'aller en croissant ou de s'enflammer, peut aussi se transformer en un véritable kyste séro-sanguin parfaitement isolé, ainsi que le montre la dissection suivante.

Observation V. — *Examen d'une tumeur du plancher de la bouche d'origine probablement veineuse.*

Sur le cadavre d'une jeune femme, livré aux dissections de l'école, j'ai trouvé une tumeur située à gauche du frein de la langue, sur le plancher de la bouche. Cette tumeur était grosse comme une noisette, recouverte par la muqueuse qui était libre d'adhérences. Je crus à une grenouillette peu développée, et j'entrepris une dissection soignée dans l'intention d'éclaircir la question du siége précis de cette maladie. Le cas était singulier, et j'ai présenté la pièce à la Société anatomique. Je ne sais pourquoi la relation de ma présentation ne se trouve pas dans les comptes rendus de cette Société (année 1854).

J'ai disséqué la région glosso-sus-hyoïdienne en conservant les glandes et leurs conduits, puis j'ai séparé la portion médiane du maxillaire inférieur et j'ai pu isoler toute la pièce. Du côté droit rien qui ne fût très normal, mais du côté gauche j'eus beaucoup de peine à disséquer le conduit de Wharton, à cause de la présence de nombreuses veines vari · queuses, et présentant par places des culs-de-sac.

Néanmoins j'isolai le canal et j'eus la certitude qu'il n'était pour rien dans la formation du kyste. Celui-ci en était bien éloigné et logé au milieu des paquets veineux dont j'ai déjà parlé; j'ai voulu l'isoler complétement des veines, mais bientôt il a été ouvert et j'ai pu constater ce qui suit : les parois étaient très minces, lisses et d'aspect séreux vers l'intérieur. Le contenu était un liquide séreux légèrement rosé, renfermant un petit corps d'apparence fibrineuse. J'ai exploré les parois, et nulle part je n'ai pu trouver un trou, un pertuis qui fît communiquer cette cavité soit avec les conduits salivaires, soit avec les veines. Je crois cependant que ce kyste est le résultat d'une oblitération veineusé, et que la portion restée libre s'est développée ensuite successivement. Mon opinion se trouve fondée sur l'existence des paquets variqueux très adhérents les uns aux autres, et par la présence de plusieurs diverticules encore en communication avec les veines.

Cette manière de voir sur la terminaison des tumeurs sanguines, a tous les jours de la tendance à se généraliser. Nous avons déjà dans la science le cas de M. Laugier qui enleva un kyste de l'anus suite de la transformation d'une hémorrhoïde. M. Cruveilhier déclare que pour lui les kystes du placenta ne sont pas des hypertrophies des villosités choriales, mais des kystes d'origine vasculaire. Le même auteur regarde aussi les kystes congénitaux du cou comme des transformations opérées dans des tumeurs érectiles. M. Laboulbène, dans sa thèse inaugurale, a également rapporté l'observation d'une tumeur érectile de la paupière transformée en kystes par suite de l'inflammation.

M. Costilhes, dans son mémoire sur les tumeurs érectiles, parle d'une tumeur du nez traitée par les aiguilles, puis extirpée et renfermant des vésicules hydatiformes.

M. Holms Coote décrit une variété de kystes produite par adhérences des veines entre elles et destruction des parois contiguës.

M. Bickersteth a trouvé aussi des kystes dans une tumeur érectile de l'épaule.

M. Verneuil a montré à la Société anatomique une tumeur de l'aisselle composée d'une masse graisseuse renfermant des kystes. MM. Cruveilhier et Broca ont pensé qu'il s'agissait d'une transformation de tumeur érectile.

Enfin j'ai trouvé dans le travail de Hawkins, 1843,

qui a trait aux kystes congénitaux du cou, une observation très-courte qui se rattache à mon sujet. « Sur
le côté droit du cou d'un enfant de huit mois se
trouvait une tumeur congénitale du volume d'une
grosse orange. Cette tumeur s'étendait de l'apo-
physe zygomatique au cartilage cricoïde et de l'apo-
physe mastoïde jusqu'au menton. Elle faisait trois
pouces de saillie. Elle s'étendait également sous la
mâchoire jusque dans la bouche, repoussait la langue
du côte opposé et en haut. Cette tumeur était lisse,
globuleuse. Par la bouche on apercevait sous la
langue deux kystes comme des grenouillettes, mais
renfermant un liquide brun rougeâtre. L'enfant
guérit à la suite de ponctions successives. »

TRAITEMENT.

Il est évident, d'après tout ce qui précède,
qu'on ne doit rien tenter contre les kystes sanguins, situés sous la langue tant qu'ils n'appor-
tent pas une gêne considérable dans les fonctions
importantes. Tous les moyens ordinaires seraient
peu certains, et de plus on s'exposerait à déterminer
une inflammation dangereuse dans la tumeur ou
dans les tissus environnants.

Dans le cas de kyste bien isolé sans rapport avec

la circulation générale, c'est-à-dire kyste irréductible et ne changeant pas de couleur ni de volume
pendant l'effort, on pourrait employer l'incision
suivie ou non de l'excision. Mais le plus souvent le
kyste communique avec des veines nombreuses,
variqueuses, faciles à enflammer. La lecture de nos
observations montre que la ponction seule est très-
dangereuse. D'ailleurs quel serait le résultat d'une
ponction même suivie d'injection? L'hémorrhagie et
l'inflammation avec tous ses inconvénients. De
semblables tumeurs, c'est l'anatomie qui nous l'en-
seigne, sont incurables par les moyens ordinaires,
l'extirpation seule pourrait amener la guérison. Je
crois qu'il est plus sage de s'abstenir, tout en essayant
de remédier aux accidents suivant leur nature.

Nous pouvons résumer notre travail dans les
propositions suivantes :

1° Il existe à la base de la langue, sur le plancher de la bouche, des tumeurs sanguines occupant
le siége des grenouillettes salivaires.

2° Ces tumeurs sanguines, qu'on pourrait appeler
grenouillettes sanguines, sont formées aux dépens
de tumeurs érectiles veineuses, et cela de trois ma-
nières différentes : *a* rupture ou ulcération de la
paroi veineuse, et épanchement du sang dans les
tissus; *b* oblitération des veines dans certains points,

destruction des parois contiguës dans les portions restées libres, d'où formation d'une cavité ; *c* dilatation simple et totale d'une veine, ou bien dilatation latérale du même vaisseau.

3° La grenouillette sanguine est congénitale, sa cause est inconnue comme celle de toutes les tumeurs vasculaires érectiles. Ses caractères sont d'être violacée, ordinairement réductible, susceptible de changements de volume pendant les cris, les efforts.

4° La marche de la grenouillette est lente. Cette tumeur est très-susceptible de s'enflammer. Elle peut se transformer en un kyste séro-sanguin bien isolé.

5° Il ne faut pas toucher à la grenouillette sanguine ; lorsque le kyste est indépendant on pourrait le traiter par l'incision. Si on voulait obtenir la guérison des grenouillettes sanguines, il n'y aurait que l'extirpation à employer. Le traitement doit donc être purement palliatif.

FIN.